DES RÉSULTATS À ESPÉRER

DU

CHEMIN DE FER DE PARIS À LA MER,

[illegible] un grand Port de Commerce européen au Havre.

ET

QU'ILS SERAIENT LEUR INFLUENCE SUR LA NAVIGATION, SUR LE COMMERCE D'IMPORTATION ET D'EXPORTATIONS, SUR LES MANUFACTURES ET SUR L'AGRICULTURE.

SUR L'EXTENSION DU PORT ET DE LA VILLE DU HAVRE.

[illegible]ment la métamorphose du Canal Vauban en bassin se trouve être la voie indirecte, pour entraîner l'extension du Port et de la Ville du Havre sur les terrains de l'Heure !... Et pour rejeter à jamais l'établissement d'un Bassin-Dock au Havre !... Malgré l'Enquête et la Pétition adressée au Roi signée de 1500 personnes.

SUR LES ERREURS QUI OCCASIONNERONT LE PASSAGE DE LA MER PAR LE PERREY !

Et qui pourrait détacher le Havre du continent !... Catastrophe qui noierait beaucoup de personnes et qui ferait perdre plusieurs millions de richesses !...

PAR Vor DEGENETAIS, DU HAVRE.

Se vend au profit des Pauvres.

PRIX : 1 FRANC.

[illegible]

IMPRIMERIE DE [illegible]

[illegible]

EXAMEN

DES RÉSULTATS A ESPÉRER

du

CHEMIN DE FER DE PARIS A LA MER,

Lié avec un grand Port de Commerce européen au Havre.

et

QUELLES SERAIENT LEUR INFLUENCE SUR LA NAVIGATION, SUR LE COMMERCE D'IMPORTATION ET D'EXPORTATION, SUR LES MANUFACTURES, ET SUR L'AGRICULTURE.

SUR L'EXTENSION DU PORT ET DE LA VILLE DU HAVRE :

Comment la métamorphose du Canal Vauban en bassin se trouve être la voie indirecte, *pour entraîner l'extension du Port et de la Ville du Havre sur les terrains de l'Heure !... Et pour rejetter à jamais l'établissement d'un Bassin-Dock au Havre !...* Malgré l'Enquête et la Pétition adressée au Roi signée de 1500 personnes.

SUR LES ERREURS QUI OCCASIONNERONT LE PASSAGE DE LA MER PAR LE PERREY !...

Ce qui pourrait détacher le Havre du continent !... *Catastrophe qui noyerait beaucoup de personnes et qui ferait perdre plusieurs millions de richesses !...*

PAR Vor DÉGENÉTAIS, DU HAVRE.

Se vend au profit des Pauvres.

PRIX : 1 FRANC.

INGOUVILLE,
IMPRIMERIE DE LEPETIT, GRANDE-RUE, 42.

1839.

AVERTISSEMENT.

Par ce Mémoire que j'offre aujourd'hui au Public : J'ai cherché à développer de nouvelles idées d'amélioration : mais je sais d'avance que je m'attirerai l'improbation des personnes qui se plaisent dans les erreurs que j'ai combattues. Si je suis resté trop au-dessous de la tâche que je me suis imposée dans mes loisirs ; du moins ma conscience n'aura pas à souffrir, car je n'ai eu d'autre but que celui d'être utile, en défendant l'intérêt général,

1° Du Chemins de Fer de Paris à la Mer et le bien-être public ;

2° Celui du Port et de la Ville du Havre, de la Navigation, du Commerce et des autres Industries Nationales ;

3° L'intérêt des propriétaires riverains de la plage du Perrey, et des propriétés sises au-dessous des hautes marées, et celui de leurs habitans.

En cherchant à me renfermer dans des limites peu étendues, j'ai été obligé, pour développer le texte, d'ajouter des notes, souvent longues, mais qui servent d'appendice aux faits les plus importans : J'espère que mes lecteurs ne les trouveront pas dépourvues d'intérêt et je réclamerai leur indulgence pour la forme aride, peut-être, sous laquelle j'ai présenté mon opinion et développé mes apperçus.

EXAMEN

DES RÉSULTATS A ESPÉRER

du

CHEMIN DE FER DE PARIS A LA MER,

LIÉ AVEC UN GRAND PORT DE COMMERCE EUROPÉEN

AU HAVRE,

Lettre adressée à la Société Industrielle et d'Agriculture de Rouen.

Messieurs,

Permettez-moi d'exposer ici quelques détails sur le Mémoire pour l'extension du port et de la ville du Havre, que j'ai eu l'honneur de vous adresser. Bien que ce Mémoire s'occupe peu d'Agriculture, j'ai pensé que toutes les Industries s'enchaînant et s'aidant entre elles, l'établissement d'un grand port de commerce Européen combiné avec une ligne de chemins de fer, etaient dignes de fixer votre attention. L'Angleterre surtout a depuis long-tems doté son commerce maritime et ses industries de ces grandes créations qui placent les Nations au premier rang; la France ne peut donc rester stationnaire sous peine de voir déchoir à la fois sa navigation, son commerce, ses industries et généralement ses richesses.

On ne peut se dissimuler qu'il y ait une rivalité entre le Havre et Rouen : est-elle fondée? Non, car il apparait à la raison que le Port du Havre, comme les Manufactures de Rouen et de partout ailleurs, doivent au contraire se perfectionner chacun dans leur organisation et dans leurs travaux, afin de s'aider réciproquement le plus possible dans leurs communes Industries. Pourtant, beaucoup de gens voient le contraire; de là est né cet esprit de rivalité; de là est venu, la passion et la fureur de spéculation (1) qui a fait repousser la Compagnie du Chemin de Fer par la Vallée, bien qu'elle eut pris l'engagement formel d'exécuter le Chemin de Fer *de Paris à la Mer passant à Pontoise et par la Vallée à Louviers, à Elbeuf, à Rouen, et ensuite par les Plateaux à Yvetot, à Bolbec et au Havre*; parce que des Rouennais oubliant la protection qu'ils doivent à leurs grands intérêts manufacturiers, ont voulu, pour satisfaire de petits intérêts particuliers de marine, que le chemin s'arrêtât à Rouen. Il en est résulté que des Havrais, soit par représailles, soit par spéculation, n'ont pas été ni plus clairvoyans, ni plus sages, en donnant la préférence au projet des Plateaux, allant ainsi chercher Dieppe comme auxiliaire, et n'accordant aux grandes Industries de Rouen, d'Elbeuf et de Louviers qu'un embranchement du chemin. Enfin ces derniers (avec bonne intention) ont tellement sollicité.... qu'ils ont obtenu du gouvernement et des chambres la triste et embarrassante victoire de faire repousser le projet par la Vallée dont les

---

(1) Presque tous les souscripteurs du Chemin des Plateaux ont pris des actions, non pour faire le chemin, mais pour réaliser des bénéfices. Voilà ce qui explique la hausse et la baisse des actions. Ce sont ces mêmes spéculateurs qui sont parvenus à démontrer qu'il n'y avait pas besoin d'examiner et d'approfondir la question du Chemin des Plateaux avant de la sanctionner.

dépenses ne devaient s'élever qu'à. . . . 81,000,000 fr.
Pour faire adopter le projet des Plateaux, évalué d'abord à 90,000,000 de francs, et qui avec tous les embranchements coûtera, dit-on, 151,000,000 de francs; en faisant la moyenne de ces deux évaluations on arrivera encore à la somme de. . . . 121,000,000
et par suite à reconnaître une perte de richesses de. . . . . 40,000,000 f.

Si, le projet rejetté (par la Vallée) s'était établi à moins de frais; il sera aussi facile de prouver qu'il aurait donné plus de produits, et que bien plus encore son influence sur la Navigation, le Commerce, l'Industrie et l'Agriculture eut été beaucoup plus avantageuse que ne le sera celle du Chemin par les Plateaux : je vais en présenter les raisons :

1° Le chemin des Plateaux servira moins régulièrement et moins activement les Industries de Rouen, d'Elbeuf et de Louviers, parce que le convoi partant ou de Paris, ou du Havre, ou de Dieppe, ou de Fécamp, ne pourra pas desservir à la fois et sans retards tous les embranchemens qui se trouveront dans la direction du départ. Cet inconvénient n'existerait pas sur le chemin par la Vallée puisqu'il n'avait que peu ou point d'embranchemens. Dès lors que le service ne pouvant être aussi actif pour ces grandes villes manufacturières, en leur portant préjudice, il n'y aura pas autant de recettes; cependant les dépenses de création et d'installation pour les convois, et les frais d'entretien seront beaucoup plus élevés.

2° Les embranchemens du Chemin des Plateaux feront croître trois petits Ports de commerce; Fécamp, Dieppe et Rouen : dès lors il s'en suivra une plus grande division des marchandises : et le Port du Havre arrivera-t-il alors à la haute position des marchés Européens de Liverpool et de Londres? Cependant lui seul dans la Manche peut avoir cette juste prétention qu'il tient de la nature, premièrement par sa position à l'entrée de la rivière la Seine; offrant le moment le plus propice pour la remonter, afin d'éviter les bancs de sables changeants, 8 lieues d'écueils commençant près du Havre jusqu'au-delà de Quillebeuf; et par sa proximité des grands centres de consommation; secondement, par le phénomène qui fait conserver le plein du Port durant 2 à 3 heures, ce qui permet les mouvemens des grands navires, pendant plus de trois heures de chaque marée: aussi tous les travaux bien réfléchis que l'extension du Port obtiendra, produiront un accroissement de commerce en favorisant toutes les industries, et par suite, l'augmentation des recettes du gouvernement. Il n'en est point de même de tous les ports: Dunkerque, Calais et Boulogne, par exemple, ne rapportent point au trésor en proportion des dépenses qu'ils lui ont occasionnées. Il en serait de même des Ports de Dieppe, de Fécamp, de Rouen, ainsi que de ceux de Saint-Valery-en-Caux, Honfleur et Caen (1), puisque ces ports ne peuvent bien servir que les intérêts du petit cercle de leur localité, ce qu'ils sont généralement à même de satisfaire. Jamais ces ports ne pourront faire d'affaires en concurrence avec les grands ports étrangers, ce que le Port du Havre seul peut faire avec beaucoup de succès, et aussi, pour l'intérêt général de la nation. Bientôt je citerai des exemples sur l'organisation des ports commerciaux anglais, qui prouveront encore la fausseté du système anti-commercial et anti-industriel, qui veut l'organisation de sept ports de commerce dans une étendue de moins de 40 lieues. Le résultat sera que tous ces ports réclameront constamment par tous les moyens possibles... pour obtenir des augmenta-

(1) Ces ports ne peuvent conserver le plein de la marée que 10 à 20 minutes, ce qui laisse très peu de tems pour les mouvemens des grands navires.

tions, les frais d'amélioration et d'entretien ne tarderont pas à absorber la somme allouée pour cette contrée au Budget des Ponts-et-Chaussées.

3° Si l'on veut faire, pour ces sept ports de commerce, les travaux qu'ils réclameront, certainement on fera des dépenses énormes; sans parvenir à faire de ces ports, des marchés avantageux, servant bien la marine marchande, les industries françaises, et le commerce de transit pour l'étranger. En raison de ces imperfections, produisant la cause principale de la mauvaise installation du commerce, les matières premières resteront constamment surchargées de frais, de faux frais, d'avaries, de soustractions de marchandises, de pertes d'intérêts par les retards, faute de docks; et par la division des marchandises dans plusieurs ports, la navigation sera plus chère avec un tonnage plus faible, les assurances maritimes plus élevées, faute aussi d'avoir un bon port qui puisse servir facilement de refuge à la marine à toutes les heures des marées, etc., s'élevant actuellement chaque année, pour le port du Havre dans le mauvais état où il se trouve, à plus de dix millions de francs, dont on surcharge la valeur des matières premières, *ce que j'ai démontré dans mon susdit Mémoire. Voyez f*os *12 et 50, ce qu'un grand port européen rendrait à l'intérêt général avec bien d'autres avantages qui s'élèveraient en peu d'années, suivant f*o *51, au-delà de quarante-trois millions de francs par chaque an* (1).

4° Dans toute la France, on a besoin d'avoir au moins un grand port commercial, marché européen, afin de rendre les importations des matières premières à meilleur prix,

(1) Ce Mémoire a été fait précipitamment lors de l'enquête publique. Il se vend, avec le plan, pour 2 fr., au profit des pauvres du Havre, chez tous les libraires du Havre; à Rouen, chez M. Frère, libraire sur le port; et à Paris, chez M. Renard, libraire du commerce, rue St-Anne.

et pour offrir aux industries une plus grande quantité de marchandises de différens choix, grévées de moindres frais, mieux conservées, revenant enfin aux conditions et prix les plus favorables que les fabricans anglais puissent obtenir dans leurs grands marchés européens de Liverpool et de Londres. Qu'ainsi, l'on rendrait les produits de nos industries à meilleur marché, en facilitant encore leur exportation en plus grande quantité pour tous les ports étrangers (1), ce qui donnerait aussi à notre marine marchande, plus d'aliment et plus d'activité, en facilitant l'augmentation du tonnage des navires. Pour obtenir tous ces avantages, il est nécessaire que le Chemin de Fer du Havre à Paris aille aussi se vivifier avec celui de Bâle à Strasbourg (et le Rhin); cet ensemble de créations est indispensable pour bien servir l'intérêt particulier des Chemins de Fer.

---

(1) Mais il y a aussi de grandes améliorations à apporter de la part des manufacturiers : entre autres, remarquez le désordre dans la mesure des pièces et des demi-pièces de tissus. Les fabricans anglais ne varient jamais la mesure des pièces et demi-pièces ; ils en obtiennent que tous leurs comptes sont simplifiés, soit chez eux, soit chez les commissionnaires, soit chez les négocians, tant pour les comptes à régler avec les ouvriers, que pour tous les comptes et factures de marchandises et les vérifications ; en outre, pour régler en Douane les primes à la sortie et acquitter les droits à l'étranger; ce qui éviterait des erreurs et des pertes de tems considérables en passant par 15 à 18 mains avant d'arriver au consommateur étranger. Pourquoi donc les chambres de commerce ou d'industrie ne fixent-elles pas des mesures uniformes? et ensuite obtenir de la police gouvernementale, une forte amende à l'intérieur et une prohibition de la part des Douanes à la sortie de toutes les pièces ou demi-pièces n'ayant pas la mesure ou ayant plus que la mesure fixée. De même, la Douane devrait prohiber aussi à la sortie, toutes les espèces de marchandises non loyales et marchandes. *Puisque le commerce ne prospère bien que par la loyauté armée de prudence.* Il en résulterait de très grands avantages pour les tissus exportés d'environ 4 à 6 pour cent, que les producteurs bénéficieraient en obtenant une réputation de probité que l'étranger leur conteste souvent.

M. Machado, *négociant au Havre, a publié partie de ces opinions avec des détails très-intéressans.*

5° Vu que l'on ne pourra pas obtenir autant de marchandises à transiter pour les divers états de l'Allemagne; comme s'il y avait un grand marché européen au Havre, offrant avec les Chemins de Fer, tel qu'il vient d'être dit, de plus grandes quantités et de variétés de matières premières et aux conditions les plus favorables, tant pour l'achat des marchandises que pour leur conservation, leurs ventes, et les réexpéditions plus promptes et avec plus d'économie pour tous les ports de l'univers. Il faut de même remarquer que les envois des marchandises en consignation, pour la vente, deviendraient beaucoup plus considérables, et que toutes ces affaires attireraient d'autres affaires au préjudice des grands ports commerciaux de Londres, de Liverpool, d'Anvers, de Rotterdam, d'Amsterdam et de Hambourg. D'ailleurs ces derniers ont trois ou quatre mois de glaces qui entravent leurs affaires. Ainsi l'on arriverait sûrement à augmenter l'exportation des produits des industries françaises; en activant l'emploi d'une marine marchande beaucoup plus considérable, et dont le personnel (1) ne manque ni de courage ni de capacités pour obtenir de très bons succès. N'accusons donc pas ces hommes; le proverbe dit vrai : « Qui veut la fin, doit vouloir les moyens. »

6° Si les raisons exposées ci-dessus avaient besoin de justification dans vos esprits, Messieurs, veuillez, je vous prie, la rechercher dans l'examen qu'il vous plaira faire, sur l'accroissement très rapide des ports de Liverpool et de Londres, devenus en quelques dixaines d'années, marchés européens et même de l'univers; où les affaires attirent des

(1) Les capitaines s'accordent à reconnaître mauvaise notre organisation pour juger tous faits concernant la discipline des équipages des navires. On trouve que l'organisation anglaise est bonne, parce que les jugemens sont rendus par un conseil d'amirauté composé de capitaines expérimentés, tandis qu'en France ce sont des juges qui, ne connaissant rien à la marine, sont plus susceptibles d'errer.

affaires au préjudice de cent bons ports de commerce que la nature a prodigués à l'Angleterre : Surtout, remarquez comme preuves irrécusables, dans ce pays de merveilles industrielles, que ces deux grands ports commerciaux, font seuls les trois quarts des grandes affaires en denrées coloniales pour la consommation anglaise; et encore, ils approvisionnent seuls aussi, de denrées coloniales, la moitié de l'Europe; de plus, ils exportent seuls les quatre cinquièmes des riches produits de l'industrie anglaise, dans tous les ports de l'univers.

7° Enfin vu que l'Etablissement du Chemin de Fer de Paris à la Mer apportera, sans nul doute, une grande perturbation dans l'agriculture de notre contrée; il en résultera que les produits agricoles arriveront de plus loin aux grands centres de population, et que les cultivateurs, éleveurs de chevaux, perdront dans cette branche de leur industrie, ce qu'ils pourront obtenir par une plus grande quantité de bêtes à cornes, en les employant pour faire leurs travaux de culture; et lorsque cette organisation aura été bien faite, ces cultivateurs obtiendront tout l'avantage qu'ils retirent actuellement de leurs chevaux, tant pour les travaux que pour les bénéfices. Alors, l'agriculture satisfera bien mieux l'intérêt général, en produisant pour la vente une plus grande quantité de viande de boucherie qu'elle n'en produit actuellement (1). Par conséquent les plus zélés agronomes

(1) Ce que j'ai développé plus longuement dans mon Mémoire (que j'ai présenté en janvier 1835 à la Société d'Agriculture) auquel je me réfère. J'avais aussi indiqué, dans ce Mémoire, la nécessité d'établir, pour favoriser l'agriculture, des baux de 18 à 24 années; d'en faire faire l'enregistrement gratis; et pour tous les baux qui n'auraient pas cette durée, compris la jouissance courante, faire payer une amende graduée et augmentée en raison de la courte durée des baux. Car, il est facile de démontrer que les agriculteurs fermiers produisent en général un dixième de moins de produits par l'effet des baux trop courts. Il y a même des fermes où les récoltes sont réduites d'un tiers par suite des changemens de fermiers

ne peuvent justement faire de l'opposition à ces voies de célérité; puisque cet ensemble des Chemins de Fer et d'un grand Port de Commerce au Havre, donnera à notre Agriculture, de plus grands débouchés dans l'extension des affaires de notre Marine marchande, et de nos Manufactures, qui seront à même de mieux rivaliser avec la Marine et les Industries étrangères. De cette manière, nous pourrons non seulement continuer le commerce actuel; mais nous augmenterons certainement notre marine et les exportations de nos diverses industries, en favorisant l'intérêt général; et en empêchant aussi la ruine de la France, par l'introduction de grandes masses de marchandises manufacturées chez l'étranger; lesquelles entreraient, soit en fraude, soit en acquittant les droits de Douane.

Je pense donc, Messieurs, que l'on doit préférer, comme je crois l'avoir indiqué suffisamment (mais tardivement (1), 1° que le Port du Havre obtienne un Chemin de Fer, allant directement par Bolbec, Yvetot, Rouen, Elbeuf, Louviers, Pontoise et Paris; et ensuite jusqu'aux frontières de l'Est : parce que le Havre est mieux placé que Londres, Liverpool, Anvers, Amsterdam, Rotterdam et Hambourg, pour l'établissement d'un grand Marché Euro-

---

toutes les neuf années : C'est donc ce produit considérable qu'il faut obtenir pour le profit du bien-être des populations; en fixant toute l'importance de l'amende sur les propriétaires, puisque les fermiers ne demandent que des baux les plus longs. Il en résulterait encore un autre avantage, c'est que les agriculteurs deviendraient alors plus riches et plus à même de faire produire la terre. En résumé, je ne puis m'étendre davantage ici sur toutes les causes qui retardent la prospérité de l'agriculture : mais je crois que le commerce est encore plus arriéré dans son organisation.

(1) Lorsque l'on souscrivait au Havre, pour le Projet du Chemin de Fer des Plateaux : j'ai eu l'occasion d'émettre ces opinions plusieurs fois; mais il y avait alors une passion si forte pour le Projet des Plateaux, que je pensais qu'il ne fallait espérer de redressement que par l'opposition des villes de Rouen, d'Elbeuf et de Louviers; ainsi que de la part des Directeurs de la Société du Projet par la Vallée : peut-être ne se sont-ils pas défendus suffisamment devant le gouvernement et devant les chambres?

péen; qu'en conséquence, tous les principaux intérêts nationaux de marine marchande, de commerce d'importations et d'exportations, de manufactures, d'agriculture, de chemins de fer, et généralement tous les autres intérêts ont un pressant besoin d'un grand Port Européen au Havre. 2° Qu'il est assez démontré que le rejet du Projet du Chemin de Fer par la Vallée, pour accepter celui par les Plateaux est une grande erreur;... devenue loi : laquelle erreur donnera chaque année d'autres pertes, autres que celles des quarante millions de francs que les actionnaires supporteront dans la création du Chemin dit des Plateaux; avec plus de frais d'entretien, et de moindres recettes (1). En outre, le faux système qui veut installer sept ports de commerce dans une étendue de moins 40 lieues, sera cause, que presque toutes les dépenses qui seront faites dans six de ces ports seront perdues : (comme les fortes dépenses que des particuliers font pour le ridicule deuxième Chemin de fer de Paris à Versailles): Tandis que toutes ces sommes considérables, employées à des créations mieux combinées, ou plus utiles; ces dépenses conduiraient sûrement la nation vers une plus grande prospérité. 3° Qu'aujourd'hui, le plus grand nombre des actionnaires prévoient le non succès du Projet du Chemin de Fer par les Plateaux. C'est pourquoi la Société (qui est bien légitimement engagée envers la Nation, pour l'exécution du Chemin de Fer du Havre à Paris), devrait trouver la nécessité de solliciter le Projet par la Vallée; afin de mieux satisfaire aussi l'intérêt général. 4° Que pour solliciter l'exécution du Projet par la Vallée (rejeté); il semble que la Société des Plateaux doit faire une triple soumission près le gouvernement : la première, sa résiliation avec liquidation à ses frais; si la Société par la Vallée veut accepter l'exécution de son Projet aux conditions de celui autorisé : la seconde,

(1) Ces pertes seront augmentées encore des sommes que le Projet par la Vallée pourrait bénéficier chaque année, en favorisant bien mieux les industries.

offrir la faculté à la Société par la Vallée, de prendre la moitié des actions pour l'exécution de son Projet; à charge, par la Société des Plateaux, de supporter seule la liquidation de son Projet : et la troisième, en raison du refus de la Société par la Vallée; la Société des Plateaux resterait constituée pour exécuter le Projet par la Vallée et aux mêmes conditions déjà arrêtées et sanctionnées par tous les pouvoirs de l'Etat : avec la convention expresse, de commencer les travaux en même tems aux deux extrémités du Havre et de Paris; afin que toutes les villes intéressées soient de suite fixées sur leur sort. *Remarquez que dans un tems de cherté de vivres on ne peut révoquer une telle entreprise sans opprimer* (1) *les classes*

---

(1) Si, la Compagnie Riant s'était présentée seule, avec son projet pour exécuter le chemin de fer de Paris à la mer, passant par la Vallée; nul doute, que tous les pouvoirs de l'Etat ne l'eussent sanctionné : dès à présent on travaillerait à son exécution. — Ce projet n'a donc été rejetté qu'à l'instigation de la nouvelle société par les plateaux : laquelle s'est constituée, à ce qu'il parait, plutôt pour spéculer, que pour exécuter le chemin de fer; car on n'y travaille pas. Mais la Nation n'a-t-elle pas des droits acquis; pour réclamer l'exécution de cette entreprise, soit par les plateaux ou par la Vallée, ayant toutes les chances de bénéfices et toutes les chances de pertes?... Pour satisfaire des spéculateurs, les pouvoirs de l'Etat peuvent-ils révoquer des entreprises de travaux, si utiles, surtout dans un tems de cherté de vivres?... Les ouvriers n'ont-ils pas bien un droit sacré d'en obtenir les travaux pour avoir du pain?... Par conséquent, on ne peut aujourd'hui anéantir cette entreprise du chemin de fer, sans opprimer les classes ouvrières...

Lorsque, les ouvriers ne gagnent que pour leur nourriture et celle de leur famille, c'est un grand malheur qui se fait promptement sentir par le peu ou point de consommation d'objets manufacturés : parce que les ouvriers sont par leur nombre les principaux consommateurs; dès lors les travaux des manufactures s'en trouvent atteints; ensuite, vient encore une réduction de prix pour la main-d'œuvre, et quelquefois sans faire croître le travail, si les produits ne peuvent être exportés. Tout annonce avant un an, un ralentissement de travaux dans les manufactures; si, la récolte de 1839 ne se trouve pas très-favorisée surtout à l'époque de sa floraison; car faute d'obtenir une très-bonne récolte, il y aurait continuation de cherté de vivres : puis viendrait crise industrielle; à la suite crise commerciale et crise financière!... Alors, non seulement les travaux des manufactures en seraient beaucoup réduits; mais aussi *ouvrières*. 5° Qu'ainsi, les actions du Projet des Plateaux remonteraient dans ces trois circonstances; soit pour la liqui-

---

tous les travaux relatifs aux constructions de bâtimens et de mécaniques. Dans ces tems de malheurs ;... n'aurait-on pas alors à se *repentir amèrement d'avoir dissous l'entreprise du chemin de fer de Paris à la mer*, devant produire plus de deux cents millions de francs comme salaires d'ouvriers, tant pour ses travaux que pour ceux qu'elle provoquera?...

Mais, aussitôt que l'abondance des vivres reviendra : les ouvriers redeviendront consommateurs des produits fabriqués ; ensuite nouvel élan pour la prospérité des Manufactures et du Commerce. Or, il ne faut juger actuellement de l'avenir que par les produits à obtenir de l'agriculture ; puisqu'il n'y avait pas de réserves lors de la nouvelle récolte, laquelle fait déficit par le manque de grenaison. Malheureusement les agriculteurs fermiers ont perdu de l'argent durant les années 1833 à 1837 ; par le bas prix du blé et l'augmentation des salaires ; ce qui leur a occasionné beaucoup de négligence dans la culture ; en outre, on a fait produire à la terre plus de plantes oléagineuses telles que colza, lin, etc., qui épuisent beaucoup les terres... La terre n'est point ingrate ; mais elle ne produit généralement qu'en raison des travaux et dépenses qu'on lui donne. Actuellement on va mieux soigner les terres pour produire plus de blé, et les récoltes augmenteront. N'aura-t-on pas à attendre deux ou trois années avant que les terres aient produit un excédent sur les besoins actuels?... Pourtant, si on avait eu seulement la sagesse de faire exécuter les Lois pour l'approvisionnement de toutes les grandes villes : lorsque le blé était à vil prix et au-dessous de tous autres grains ; on aurait évité beaucoup de gaspillage de blé que les cultivateurs se sont vus forcés de donner à leurs bestiaux, afin de perdre moins d'argent.

Il n'y a pas d'organisation sur les vivres : aussi, l'abondance fait naître la cherté, et la cherté fait renaître l'abondance. Mais si, le système de réserve que j'ai indiqué dans mon mémoire présenté en janvier 1835, avait été mis en pratique : il est certain que nous ne serions pas actuellement dans un tems de cherté de blé. Ces tems de malheurs peuvent durer plusieurs années ;.. car les importations de grains sont peu de chose pour tous les besoins, puisque les plus fortes importations de grains en France, dans une année, n'ont pas suffi pour faire vivre les populations pendant trois semaines. Les autres grains et les pommes de terre sont une ressource, dont on ne fait grande consommation que lorsque le prix du blé est très élevé : d'ailleurs c'est en réduisant la nourriture des bestiaux, qu'on réduit aussi les quantités des viandes de boucherie. Cet état de choses prouve aussi que l'agriculture doit toujours obtenir la plus grande protection.

dation, elles ne perdraient tout au plus que 4 à 5 pour cent; soit pour l'exécution du Projet par la Vallée, les actions vaudraient au moins 50 pour cent de plus que pour l'exécution du Projet des Plateaux, d'après les raisons déjà exposées. De cette manière, on servirait généralement mieux les divers intérêts nationaux, et les intérêts particuliers des actionnaires des Chemins de Fer : Et encore l'on éviterait une grande crise financière, puisque les pertes sur les Chemins de Fer deviendront une cause de discrédit pendant plusieurs années en amenant de grands désastres, et en empêchant le développement des richesses; ce qui portera sûrement atteinte à la prospérité publique.

Je suis avec un profond respect,

Messieurs,

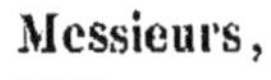

Votre très humble serviteur,

Vor DÉGÉNETAIS.

HAVRE, le 30 Janvier 1839.

Où conduisez-vous l'avenir de la Ville et du Port du Havre? On voit toujours des erreurs ou des imprudences à combattre.

Première Partie.

SUR L'EXTENSION DU PORT ET DE LA VILLE DU HAVRE.

Comment, les demandes de l'emmuraillement du canal Vauban et son élargissement à 100 mètres, se trouveront être la voie indirecte pour entraîner l'extension du Port et de la ville du Havre, sur les terrains de l'Heure : ce qui éloignera peut-être à jamais l'établissement d'un Bassin-Dock au Havre?....

Cependant, par l'enquête pour l'extension du Port et de la Ville, et par la Pétition présentée au Roi par M. Massas, signée de 1500 personnes, il a été démontré d'une maniére certaine et non équivoque; que l'extension du Port et de la ville du Havre devaient se faire vers la mer, avec une deuxième entrée de Port à pratiquer sur la Plage au Nord des Moulins; les Bassins des Steamers et Dock en dépendant se relieraient avec le Port et les Bassins actuels : conséquemment l'extension de la ville se ferait aussi sur les terrains d'Ingouville (1) : ce que la Commission d'enquête, la chambre du Commerce et le Conseil Municipal du Havre ont encore été d'accord à reconnaître. Tout le Havre a donc été d'accord pour rejeter, 1° le Projet de la Commission Spéciale de Paris, portant l'extension du Port et de la ville sur le sol de l'Heure vers la Seine; 2° et par conséquent la Pétition 1837, demandant l'emmuraillement du Canal Vauban et son élargissement à 100 mètres, signé d'un grand nombre de négocians (2), et à l'instigation des spéculateurs de terrains sur les bords du Canal et environs, afin d'y entraîner l'extension de la Ville et du Port : *tel que le veut aussi le Projet rejeté de la Commission Spéciale.*

Il faut donc chercher à expliquer l'équivoque des demandes du Conseil Municipal, et de la Chambre de

---

(1) Tel je l'ai indiqué dans *mon Mémoire et Plan presenté lors de l'enquête Juin* 1838, que j'ai aussi adressé dans le tems à MM. les Membres de la Chambre de Commerce et aux Conseillers Municipaux du Havre. J'avertis le lecteur que les folios que j'indiquerai sont relatifs à ce Mémoire, *qui se vend 2 fr. au profit des pauvres du Havre.*

(2) Les personnes qui ont signé cette Pétition, n'avaient aucune opinion sur l'Entrée du Canal qui n'est pas convenable pour un Bassin; ce qui sera démontré plus loin. D'ailleurs la majeure partie des négociants, par la nature de leurs affaires, ignoraient l'utilité d'un Canal et comment l'on peut s'en servir; en outre, il y en a beaucoup qui ne connaissent point les travaux manuels; aussi, fait-on payer certains travaux, ou fournitures, etc., jusqu'à 50 pour cent au-delà des prix réels. J'ai rencontré souvent de ces abus, il y a cinq ou six années, je leur ai fait bonne et loyale guerre : Hé bien, le croira-t-on, on ne pouvait alors les réprimer au Havre; encore par abus, on rendait des ordonnances de saisies-arrêts, contre celui qui réclamait l'équité. Enfin j'ai vu d'autres abus, principalement au préjudice des malheureux, de 20 à 40 pour cent; seul, je les ai flétris d'une juste réprobation, dans une réunion publique. Je ne me suis pas apperçu qu'ils en aient eu d'autres blâmes. De là vient aussi le découragement pour le commerce.

Commerce du Havre, qui veulent aussi l'emmuraillement du canal Vauban et son élargissement à 100 mètres. Est-ce par erreur, ou pour entraîner l'extension du Port et de la Ville sur les terrains de l'Heure?... Ainsi, on a fait renaître l'incertitude, *en voulant à la fois deux Projets qui se heurtent et se repoussent*... Mais, pour pénétrer cet équivoque, je soumettrai d'abord l'utilité du canal Vauban avec ses berges en terre, pour le comparer commercialement avec sa métamorphose demandée en Bassin.

1° C'est que le Canal est suffisamment large, et qu'il est actuellement prêt à être livré aux besoins du Commerce. Lorsque les berges seront herbées (comme le génie militaire en a pris le soin), ces terres qui sont grasses se soutiendront parfaitement; et comme les anciennes berges du vieux Canal Vauban que l'on voit encore par place en bon état (1) : d'ailleurs, tous les ports ont des berges, où le commerce est bien organisé; si elles ne se trouvent dans une rivière, il faut en obtenir par des canaux. Remarquez donc l'installation du Commerce à Londres, on a indépendamment des berges de la rivière, des Canaux dont les berges sont en terre : ce qui n'empêche pas qu'il y ait aussi de superbes Docks (2).

---

(1) On observe aussi, que le vent fera battre l'eau contre les berges, ce qui les dégradera; pour éviter ce petit inconvénient, faudra-t-il boucher tous les Canaux du pays; ou bien faire des murailles lesquelles sont aussi à réparer à la suite des tems? Mais, si l'on avait laissé les Bassins du Havre sans curage, ne seraient-ils pas, comme le vieux canal Vauban, remplis de vases?

(2) Les établissemens maritimes en Angleterre se fondent généralement par la localité commerçante, avec partie des revenus qu'ils produisent : Mais si la ville n'en a pas les moyens; ce sont des Compagnies qui fondent les établissemens, moyennant concession de produits des créations; c'est pourquoi l'on y fait généralement des travaux plus utiles qu'en France; où le gouverne-

2° Le Canal convient tout aussi bien qu'un Bassin, pour faire faire aux navires leur quarantaine; et pour recevoir les navires désarmés. Mais le Canal convient beaucoup mieux pour y dépecer les navires; les travaux s'y feraient plus avantageusement que dans les Bassins : en outre, ces travaux se feraient en face les chantiers, ce qui économiserait des frais de transport et de surveillance, ainsi que des pertes de tems; pour le profit de celui qui vendrait le vieux navire.

3° Toutes les réparations de navires se feraient aussi facilement que dans un Bassin. Bien mieux, on réduirait de beaucoup les frais de transport des matériaux, on économiserait encore des pertes de tems : De plus, on ferait disparaître des risques d'incendie que court toute la marine, les marchandises, et la ville; ce danger doit être apprécié dans l'état actuel au moins à 50,000 francs chaque an. Il en résulterait à la fois, une place dans le Bassin du Commerce d'environ le tiers de son étendue, qui se trouverait disponible et au centre des affaires. En outre, ces navires à réparer, comme tous autres, pourraient obtenir de ne payer pour droits de Canal que le tiers du droit de Bassin.

4° Parce que, les navires qui arment pour la pêche de la baleine, ainsi que les navires chargés de bois étant dans le canal, et ne payant que le tiers du droit de Bassin, gagneraient plus qu'ils n'auraient à dépenser pour former un débarquadère et pour le peu de travail à faire en plus. Par exemple, le navire Français de 400 tonneaux qui paye 75 c. du tonneau dans le Bassin ne payerait que 25 c.

---

ment est obligé de tout faire et de disséminer la part du budget pour les travaux, et d'en faire fréquemment qui sont presque sans utilité, en raison des demandes pressantes qu'on lui adresse par tous moyens possibles....

de droit de Canal, différence 200 fr., dont ils dépenserait à peine la moitié. Remarquez que les marchandises coûteraient moins de frais de transports et autres frais, puisque les débarquemens se feraient en face des magasins ou chantiers. Même avantage pour les réexpéditions des marchandises, les navires se placeraient encore en face des chantiers ou magasins. Il s'en suivrait aussi une diminution de droits de Bassin pour le Caboteur qui chargerait sur le Canal; ce qui compenserait et au-delà le peu d'augmentation de frais de l'embarquadère. A l'égard des chargements de bois de marque, on pourrait généralement les jeter à l'eau, sans aucun désavantage pour les bois; lesquels se trouveraient ainsi rendus aux chantiers avec plus d'économie de frais.

5° Pour les navires chargés de charbon de terre, et pour tous autres; on pourrait établir par place et en face les chantiers, des estacades, pour tenir lieu de quais; et cela avec peu de frais : ce qui favoriserait encore l'importation de ce combustible; puisque les navires paieraient moins de droits dans le Canal, en économisant encore les frais de transports, le navire se plaçant devant le chantier, et sans pertes d'égrenage de charbon dans le trajet des voitures.

Je citerai ici un passage du rapport de M. Le Tellier, ingénieur en chef, directeur, en date du 22 mai 1825; lequel prouve que la Chambre de Commerce et le Conseil Municipal du Havre s'étaient alors mis d'accord pour demander l'achèvement de l'Entrée du Canal avec ses écluses, et le Canal Vauban, tels ils se trouvent présentement achevés :

« Ils donneraient au Commerce un espace indéfini, propre à recevoir les dépôts de bois, des chantiers et ateliers, un emplacement pour la refonte et le dépécement des navires à substituer à celui que l'achèvement du nouvel Avant-Port va forcer d'abandonner; ils permettraient enfin l'augmentation du terrain destiné à être bâti par des particuliers dans l'enceinte de la ville, et dont la valeur augmente chaque jour. »

N'est-il pas déjà assez démontré que les Auteurs de la création du Canal Vauban, tel qu'il se trouve actuellement achevé, connaissaient très bien les besoins du Commerce?... et beaucoup mieux que ceux qui, étant sous les influences des spéculations de terrains sur l'Heure, demandent sa métamorphose en Bassin?... *Examinons-en d'abord les effets, et à combien reviendraient ces travaux...*

1° Vous demandez que le Canal Vauban soit changé en Bassin? Mais avez-vous prévu, 1° que son Entrée n'a que 12 mètres de largeur; 2° que ses deux radiers pour les deux portes de Flot et d'Ebe sont environ 50 centimètres plus haut que celui du bassin de la Barre; que dans les mortes-eaux, un navire construit pour les voyages de long-cours (1), de 250 tonneaux, n'y pourra passer; 3° que durant quatre à six jours de chaque vives-eaux, cette Entrée doit être fermée avec la porte de flot; afin de ne point interrompre la navigation aux entrées des Bassins et à l'entrée du port en face la Tour. *C'est pour ces mêmes raisons que le Canal se trouve avoir sa largeur, comme étant la plus convenable, pour que la porte de flot soit fermée moins de tems.* 4° Puisque si cette

(1) Ces navires tirent plus d'eau pour mieux résister aux mauvais tems, et pour obtenir une plus grande marche. Mais, tous les navires construits pour la rivière passeront toujours par cette Entrée, puisqu'ils tirent peu d'eau avec leurs formes plates, qui sont indispensables, en raison de ce que la rivière la Seine se trouve encombrée de bancs de sables changeans (voyez f°s 33 à 36) ; ce qui rendra toujours impossible la création d'un grand Port de Commerce dans la rivière la Seine.

porte de flot restait ouverte dans les vives-eaux, il se formerait des courans violens allant faire le plein de tous les Bassins, puis le vide; ce qui abrégerait d'environ une heure le tems durant lequel se font les mouvemens des grands navires, tems bien précieux, car c'est à ces époques que tous les grands navires restés sur la Rade ou dans les Bassins, faute d'eau, peuvent faire leurs mouvemens. (*voyez les f*os *15, 44 et 45 et le Plan qui indique un Bief de flot éclusé, pour pouvoir toujours entrer dans le Canal ou en sortir.*)

2° Voici, comme preuve de ce qui est avancé : l'opinion de M. Freitz, capitaine du commerce, publiée par le *Journal du Havre* et par les *Archives du Havre* de novembre 1838, f° 428.

« On parle de faire d'autres bassins qui donneront dans ceux existant; on ne sait donc pas que, lorsque les bassins actuels sont baissés, par des besoins quelconques, jusqu'à moitié de leur capacité, le courant qui se forme dans l'avant-port est déjà très-fort, et contrarie infiniment la navigation du cabotage, dont les navires sortent toujours avant la pleine mer. Que sera-ce donc lorsqu'une plus grande étendue de bassins sera à remplir? Le port sera impraticable, et le courant qui passera dans les premières écluses fera ce que j'ai vu à la porte du Bassin du Roi : des bateaux y seront entraînés malgré leurs amarres, et y rompront leurs mâts en passant sous les ponts.

» C'est donc en marin que j'ai l'honneur, Monsieur le Rédacteur, de vous adresser ces réflexions, en homme qui réclame un port dans lequel on puisse entrer en tous tems, et non en spéculateur de terrains propres à agrandir la ville d'un côté ou d'un autre, en raison des intérêts qu'on y peut avoir. »

Voyez aussi toutes les autres raisons alléguées par le capitaine Frietz, pour l'extension du Port. *Elles sont très-justes ; et se trouvent corroborer parfaitement les opinions que j'avais indiquées dans mon Mémoire fait lors de l'Enquête.*

3° N'est-il pas assez démontré, que l'Entrée actuelle ne convient tout au plus que pour un Canal, et non pour un Bassin?... En conséquence, il faudrait démolir cette entrée, dont les travaux tous neufs seraient ainsi perdus, comme ceux du Canal, revenant ensemble à environ. . . . . F. 1,400,000

4° Les frais de démolition de cette entrée, déblais d'une partie du rampart de la ville, batardeaux, épuisemens, reconstructions des murs pour l'approfondissement et l'élargissement de l'entrée, avec les matériaux démolis et remblais, s'élèveront à environ 210,000

5° La construction d'un Bief de flot éclusé est indispensable avec le Bassin Vauban, en raison de sa largeur de 100 mètres. Mais encore, si on ne plaçait ce bief, où je l'ai indiqué sur le plan, il pourrait arriver que ces travaux seraient encore perdus par suite des futurs travaux pour l'extension du Port avec une deuxième entrée sur la mer; les dépenses de ce bief avec un pont seront d'environ. 1,400,000

6° Et l'emmuraillement de tout le canal métamorphosé en Bassin, avec une entrée pour le Canal allant à Harfleur; les achats de terrains, les déblais, épuisemens et les remblais, soit environ. . . . . F. 3,000,000

Total des dépenses pour obtenir la métamorphose du Canal Vauban en Bassin. . . . F. 6,010,000

Report. . . 6,010,000

7° De plus, le commerce étant privé dès-à-présent du Canal Vauban achevé, il faudra au moins trois années à partir de 1838, pour obtenir l'achèvement des susdits travaux à raison de cent trente mille francs de préjudice par chaque an (compris les risques d'incendie dans les Bassins déjà évalués à 50,000 fr.), soit. 390,000

Total pour obtenir la métamorphose du Canal en Bassin . . . . F. 6,400,000

8° J'ajouterai encore ici la dépense demandée d'une Entrée oblique et difficile par le fond du Port neuf, pour aller dans la Floride retenue du Port, devenant ainsi Bassin sans abri ; mais lorsqu'il y aura des navires dans cette retenue, on ne pourra pas faire marcher les chasses, ce qui sera contraire à l'Avant-Port. *Voyez l'opinion de M. Frissard, Ingénieur, f° 160 de son histoire du Port du Havre.* Cette dépense presque inutile, appartient à un projet que je crois être nuisible à l'avenir du Port. Ces travaux s'élèveront à environ 900,000

Total général des travaux demandés. . F. 7,300,000

9° J'ajouterai ici pour faire suite aux susdits projets : la construction d'un Canal, travaux qui deviendront indispensables à placer vers l'Est à la suite du Bassin Vauban, pour être livré en même temps. Ces dépenses seront d'environ . . . . 160,000 fr.

Nous allons examiner les résultats de la métamorphose du Canal Vauban en Bassin, revenant à 6,400,000 f.

1° Par la démonstration de l'utilité du Canal Vauban pour le commerce : on a reconnu que ce Canal pourrait toujours avantageusement recevoir près du tiers des navires qui se trouvent dans les Bassins ; ainsi de suite l'on trouverait tout l'espace nécessaire. On ne peut donc reconnaître d'ici longues années, d'autres besoins pour le commerce, *comme toutes les autorités du Havre l'ont reconnu*, 1° qu'un Bassin avec entrée assez large pour les grands (steamers) bateaux à vapeur devant faire les voyages de l'Atlantique; 2° et un Bassin-Dock, tel que ceux de Londres, entourés de magasins ayant les meilleures dispositions pour la conservation des marchandises, pour éviter des frais, des faux frais, des retards, et où les fraudes et les vols sont impossibles, puisqu'il n'y a qu'une issue pour les personnes. Si on admet que ces Bassins à construire se trouveront assez grands pour doubler la surface des Places à flot que contiennent les Bassins actuels; et le Canal Vauban de suite livré au commerce, recevant le tiers des navires du Port : certes, il ne resterait pas alors de navires pour utiliser les Bassins actuels. Or, pourquoi demande-t-on l'emmuraillement du Canal Vauban, qui ne peut servir ni de Bassin-Dock, ni de Bassin des Steamers?... Conséquemment les demandes de la métamorphose du Canal Vauban en Bassin sont de grandes erreurs;... (erreurs où sont tombés les pétitionnaires contre le Canal Vauban, en ne voyant que les intérêts de leur spéculation de terrains). Mais la Chambre de Commerce et le Conseil Municipal, ainsi que l'Administration des Ponts-et-Chaussées, ont, sans doute, trop de patriotisme et trop la conscience de leurs devoirs envers notre ville maritime; pour vouloir compromettre 6,400,000 fr., et pis encore, l'avenir du Port du Havre!... qui doit devenir Port Européen !... Ne sait-on pas que les puissants spéculateurs de terrains (1) construiraient de suite assez de maisons et de magasins sur les quais du Bassin Vauban, seulement pour faire décider l'extension de la Ville et du Port sur leurs terrains, avec une sortie sur la Seine ?... Toutefois, si les spéculateurs de terrains font naître des doutes, sur la possibilité d'établir une deuxième Entrée de Port bonne et profonde à obtenir dans la mer ; et en face d'un fort ou digue à établir sur le Roc de l'Eclat, se prolongeant du Nord au Sud : Je reviendrai combattre ces erreurs, pour prouver de nouveau *que cette Entrée de Port vaudra vingt fois mieux que par la Seine*, et peut-être l'obtiendra-t-on encore avec moins de dépenses (2).

(1) Les sociétaires des spéculations de terrains ont de la puissance; parce qu'ils sont très nombreux et invisibles ;... pour agir, recommander ou travailler en faveur de leurs intérêts particuliers, puisque leurs achats sont faits aux noms de banquiers ou de négocians ; et l'on transmet par actions au porteur, partie de ces propriétés, qui passent ainsi de main en main, et sans payer de droits de mutation.

(2) Pourquoi, le Conseil Municipal du Havre ne vote-t-il pas des fonds pour obtenir ? 1° un modèle représentant le sol sous les eaux; de la même dimension que la carte des sondages faits en 1834 par M. Beautemps Beaupré. Car le petit modèle qui réduit les proportions au quart ou au cinquième de cette carte, est sans échelle et sans renvois aux épis ; ce modèle doit donc être considéré incomplet, et susceptible d'induire en erreur. 2° Un modèle de la carte dressée par M. Gaulle en 1786 : et le réduire aux mêmes dimensions que celui à obtenir de la carte de M. Beautems Beaupré. 3° De nouveaux sondages afin de reconnaître les variations que les fonds ont pu éprouver, au moins, depuis le cap la Hève jusqu'à l'entrée du Port : indiquer en même temps les sondages des fonds vierges ; et les reproduire par carte et par modèle avec les mêmes proportions. Sans doute que c'est par oubli ou par erreur que l'on a omis de satisfaire aux résultats de l'Enquête : car la loyauté et la prudence commandent que l'on fasse faire tous ces petits travaux d'études préalables, *pour que l'on puisse juger par induction ;* afin d'avancer avec certitude vers une solution profitable au Port et à la Ville du Havre, et aux divers intérêts nationaux.

Ces études auraient toutes sortes d'utilités pour démontrer; où est l'endroit le plus avantageux de l'Entrée de Port à créer sur le rivage de la mer; et quelles sont les proportions et les formes à donner soit aux jetées de l'Avant-Port, soit à la Digue à établir sur le banc de l'Eclat, se prolongeant du Nord au Sud ?... Et comment ces créations chan-

2° *Voici encore comment l'on peut démontrer que le Canal Vauban, tel qu'il est, est plus utile pour le Commerce que sa métamorphose en Bassin :* 1° parce que les travaux durant trois années, comme il a été dit, préjudicieraient encore les divers intérêts de la Place d'environ 390,000 fr.; 2° parce qu'il a été reconnu qu'un Canal avec berges en terre est

---

geraient-t-elles le régime de la mer pour les alluvions de galet et de sable; car ces alluvions ne seraient point alors ce qu'elles sont sur cette plage?... On prouverait aussi avec plus de certitude, ce que je vais avancer prématurément, 1° que plus de la moitié du galet qui arrive aux digues du Perrey, sort des fosses ou vallées qui se trouvent dans la mer en face le cap la Hève, indiqués par la carte de M. Beautemps-Beaupré ; 2° que ce galet y est continuellement déposé par les remous des courans périodiques de flux et de reflux (de même que les remous de l'Entrée du Port y forment les poulliers de galet, comme les remous du Hoc, des amas considérables de galet) ; que ce galet en est délogé de ces fosses ou vallées, en plus ou moindres quantités, et en proportion de la puissance des ondes de fonds; 4° que ces assertions sont prouvées par les résultats des forts vents O. N. O., donnant tout-à-coup de grandes quantités de galet et très souvent *d'une substance toute particulière, que M. Arago appelle galet d'Espagne.* A la suite de ces grands vents O. N. O., visitez les roches en face la Hève, au plus bas de l'eau, vous y trouverez beaucoup de ce galet voyageur, avec d'autres galets provenant des éboulemens des falaises voisines. 5° C'est ce qui prouve à la fois, qu'il n'y a pas moitié du galet arrivant au Perrey, qui voyage *tel que M. C.-A. Lesueur, naturaliste, et des Ingénieurs le pensent.* 6° Ce galet que j'ai indiqué sortir des fosses ou vallées, la plus grande quantité passerait alors le long de la Digue à établir sur le banc de l'Éclat : de sorte, que l'on a moins à redouter le galet pour cet Avant-Port. 7° Qu'enfin les courans de la mer montante, passant entre cette Digue et les Jetées du Port (à créer) balaieraient mieux les fonds en les creusant de plus en plus, et en proportion de l'augmentation de puissance que les courans de mer montante prendraient par l'effet de ces travaux. Par conséquent, cette Entrée de Port resterait profonde !... Et s'approfondirait *comme la passe entre le cap la Hève et le roc de l'Éclat.*

Ces dépenses d'études, peu couteuses, sont très utiles en raison de l'importance d'une deuxième entrée de Port profonde qu'il faut obtenir... N'y a-t-il pas cent fois plus d'utilité de dépenser pour ces études, que pour celles des eaux de Gournay, à deux lieues et demie du Havre? pour lesquelles études on a dépensé de l'argent presqu'inutilement, puisqu'on peut obtenir des eaux dans la côte, près le Havre : à cet égard je me réfère, à ma protestation *voyez* folios 61 à 64.

indispensable pour les industries qui ont été désignées en avoir besoin, afin d'éviter des frais et des faux frais : Donc, si l'on exécutait la faute, de faire du Canal un Bassin, il faudrait en construire un autre vers l'Est, puisque les terrains sur les bords d'un Bassin deviendraient plus chers; et, par conséquent moins avantageux aux industries qui ont plus d'avantage ou autant d'avantage sur les bords d'un Canal: Alors, l'organisation commerciale qui doit être concentrée, serait ainsi *ridiculement établie sur une ligne ayant plus d'une lieue de longueur;* ce qui surchargerait de frais et de faux frais, tous les armemens et toutes les marchandises, toujours contrairement à l'intérêt général du Commerce. 3° Parce qu'ainsi qu'il a été démontré : si, le Commerce ne prenait pas d'extension, les Bassins actuels ne seraient même pas occupés, dans le cas où l'on construirait un Bassin des Steamers et un Bassin-Dock : Conséquemment, la faute qui fera du Canal Vauban un Bassin, empêchera la construction d'un Bassin-Dock;... Car, ceux qui n'en veulent pas pour leurs intérêts particuliers, feraient alors valoir comme raisons, *les dépenses perdues pour le Bassin Vauban se trouvant sans aucune utilité;* et ils se joindraient aux possesseurs de magasins, et aux spéculateurs de terrains sur l'Heure, pour repousser peut-être à jamais un Bassin-Dock indispensable pour bien servir la marine, le commerce d'importation et d'exportation, les manufactures, et l'intérêt général (*voyez les folios* 12 *et* 50 *à* 52):

En résumé, il faut que le Havre demande ; 1° la mise en libre pratique du Canal Vauban, achevé depuis plusieurs mois; enfin, que le batardeau qui barre son entrée soit donc enlevé sans autres retards : 2° L'exécution du Bassin dans les fossés Ouest de la Ville, tel que le projet a été étudié par l'administration des Ponts-et-Chaussées, demandé et approuvé par la Chambre de Commerce et par le Conseil Municipal du Havre; la dépense de ces travaux avec un large bief éclusé, serait d'environ. . . . . 3,500,000 fr. Sans bief, cette dépense serait moins forte. Ce Bassin pour les Steamers et pour les déchargemens de bois de construction, se relierait plus tard à une Entrée directe et très facile que fournirait l'Avant-Port à créer sur la mer au nord des moulins; de sorte, que les nouveaux Bassins-Dock et des Steamers communiqueraient au Canal et aux Bassins actuels, et aux deux Avant-Port (*Voyez le plan et les folios* 55 *à* 58) : en outre ; ce Bassin permettrait d'obtenir promptement des formes sèches, un dock hydrostatique, et un rail-way ou chemin marin; afin de réduire les dépenses et en améliorant les travaux de la marine (1). Ainsi, dès à présent le Commerce s'élargirait dans le Canal

---

(1) Si, malheureusement le susdit Bassin était rejeté à cause de son Entrée indirecte sur l'Avant-Port actuel : ce que je n'admets pas; il vaudrait mieux exécuter une Entrée allant dans les fossés Est de la Ville, ou établir un Bassin sur l'emplacement où M. Ladvocat a proposé de construire un Dock (les steamers présentant des risques d'incendie; empêcheraient la formation d'un Dock, que l'on pourra réaliser plus tard, *si les Projets d'extension du Port et du Chemin de Fer le permettent*). On ne pourrait obtenir que l'un ou l'autre de ces Bassins, précédé d'un bief éclusé, et rejoignant le Canal Vauban pour lui donner une large et profonde Entrée : ainsi l'on éviterait la démolition de l'entrée du Canal Vauban dans le bassin de la Barre; de plus, on obtiendrait à la fois la sortie ou l'entrée de tous les Bassins actuels et du Canal, durant le tems que les navires trouveraient de l'eau dans le Port. Ces travaux reviendraient pour le Bassin-Canal des fossés-Est, si l'on conservait le front des fortifications à environ 2,400,000 fr. Mais comme ce Bassin, suivant mon Plan, appartient à une troisième Entrée de Port, donnant l'aliment d'eau : c'est pourquoi sa surface est trop grande pour être adaptée, tel qu'il est indiqué, sur l'Avant-Port actuel; il faudrait donc y établir un bief de flot vers son milieu : de cette manière, l'on pourrait, dans les grandes vives eaux, entrer dans le Canal Vauban; l'ensemble de ces dépenses serait d'environ.. 3,700,000 fr. mais, si on préférait le Bassin dans la Ville, rejoignant aussi le Canal Vauban (sans compter les dépenses d'un bief de flot), ces travaux reviendraient à environ.................. 3,200,000 fr. ce Bassin entrainerait la démolition des bâtimens de la citadelle.

L'un ou l'autre de ces Bassins présenterait au Commerce trois fois plus d'avantage que la métamorphose du Canal Vauban en Bassin : et sans nuire à l'avenir du Port : Cependant ils ne présenteraient pas le quart des avantages que donnera le Bassin des fos-

Vauban; il n'aurait pas plus de tems à attendre l'achèvement de ce Bassin donnant ces divers établissemens de marine, sans compromettre l'avenir du Port dans son extension. Ces travaux beaucoup plus avantageux au Commerce, en fournissant plus d'espace, et en concentrant les affaires, ne reviendraient pas encore à la moitié des travaux demandés, lesquels ont été appréciés au f° 27 être de 7,300,000 fr.; pour obtenir suivant le désir de la palinodie des autorités locales du Havre, 1° la métamorphose du Canal Vauban en Bassin (bientôt on redemandera pareil Canal, qui serait situé moins avantageusement, étant plus vers l'Est, en l'éloignant trop du centre des affaires); 2° une Entrée dans la Floride retenue du Port, pour la convertir en Bassin sans abri; cette disposition est encore au préjudice de l'Entrée du port. *Projets qui se trouvent être positivement la voie indirecte, pour entraîner l'extension du Port et de la Ville sur les terrains de l'Heure; et pour retarder peut-être à jamais la construction d'un Bassin-Dock!*... C'est en me joignant à la grande majorité de l'enquête, et aux 1500 pétitionnaires qui se sont adressés au Roi; que je repousse ces Projets par toutes les raisons exposées; comme ne pouvant servir que de petits intérêts particuliers des spéculateurs de terrains sur l'Heure; et comme étant contraire aux intérêts du port et de la ville du Havre, de la navigation, du commerce d'importation et d'exportation, des manufactures, et contraire aussi à l'intérêt national.

---

sés Ouest, avec les établissemens maritimes pour les réparations de navires; les Formes sèches peuvent s'y établir comme sur l'Avant-Port actuel, soit à l'aide des écluses de la tour, ou de l'aqueduc (indiqué *dans l'Etude du Bassin en question, faite par les Ponts-et-Chaussées, conduisant des chasses pour diviser le Poulier qui s'appuie contre la Jetée Nord*); ces établissemens reviendraient à moitié moins de dépenses de création que sur l'Avant-Port: bien mieux, ils présenteraient en cet endroit au moins 10 pour 100 de réduction dans les travaux des réparations de navires (*voyez ma protestation à l'Enquête, folios 55 à 58*).

Deuxième Partie.

SUR LES ERREURS QUI OCCASIONNERONT LE PASSAGE DE LA MER PAR LE PERREY!. .

Je rappellerai encore dans l'intérêt public, qu'il y a plus d'utilité que jamais d'aviser aux moyens que j'ai indiqués dans *un Mémoire* (1); pour se garantir du passage de la mer par le Perrey, catastrophe qui noyerait beaucoup de personnes, et qui ruinerait beaucoup de familles en portant un préjudice de plusieurs millions de francs aux propriétés culbutées et submergées!... Ce qui pourrait encore détacher le Havre du continent!... *Opinion de MM. les Ingénieurs.*

Par ce Mémoire : j'ai prouvé en plusieurs fois d'une manière certaine et irrécusable, comme ce n'est pas la mer qui

(1) Cette brochure est intitulée *Réponse aux Conseils Communaux du Havre, d'Ingouville, de Sanvic et de Sainte-Adresse, et aux Pétitionnaires-Souscripteurs.* Elle se vend chez tous les libraires du Havre pour 1 fr., au profit des pauvres. Les folios désignés ici seront ceux de cette brochure.

réduit ses digues(1) : bien au contraire elle les fortifie constamment : il apparaît qu'il n'y a réellement pas d'autre cause destructible que les enlèvemens de galet formant les dégradations, que les autorités communales laissent toujours faire sur ces digues pour le lestage des navires, pour les réparations des chemins, et pour les remblais, etc. (*Voyez f*[os] 26 *à* 28). Par conséquent, il n'y a donc pas besoin de dépenser 450,000 à 600,000 francs de travaux d'Estacade sur ce rivage ; tel que l'erreur, et des intérêts particuliers l'avaient accrédité, ainsi que des pétitionnaires par leurs souscriptions, et encore les majorités de quatre conseils communaux du Havre, d'Ingouville, de Sanvic, et de Sainte-Adresse, et toujours sans rien examiner (*Voyez f*[os] 1 à 3).

Ces amas d'erreurs et de condescendances ;... ont fait naître aux yeux de l'autorité gouvernementale la nécessité

---

(1) J'ajouterai à l'explication donnée (v. f° 31), que plus la violence des vents d'Ouest et de O.-N. O. est considérable, et plus les vagues ont de tendance à rendre le plan des Digues uni et moins incliné ; parce que les vagues marchent avec plus de rapidité et de force pour niveler les Digues dont partie des matériaux du sommet peuvent descendre vers sa base pour la formation de ce nivellement du Plan moins incliné. L'effet d'un coup de vent, de morte-eau, paraît ruiner les Digues, où va la plus grande élévation des vagues, lesquelles redescendent du galet vers la base des Digues pour en faire le nivellement sur un Plan moins incliné. — Mais avec un vent moins fort les vagues remontent le galet descendu vers les plus hautes-eaux ; ainsi le Plan des Digues redevient plus incliné en proportion de ce que les vagues marchent avec moins de rapidité. Voilà donc comment les vagues et les courants font marcher le galet remanié, tant qu'il n'a pas trouvé de place pour s'arrêter aux Digues du rivage. Il a été déjà démontré au renvoi du f° 30, qu'une quantité plus considérable de galet arrive aussi aux Digues, depuis le Cap la Hève jusqu'au rivage du Perrey, et en proportion avec la force des vents d'Ouest et de O.-N.-O. — La position des Digues du Perrey *actuellement trop affaiblies, forment le centre d'un tiers de cercle ;* c'est pourquoi la mer y dépose beaucoup du galet qu'elle charrie : conséquemment tout prouve que la mer ne mange pas ses Digues au Perrey.

d'instituer un Syndicat de neuf personnes (*dont huit ont été présentes aux réunions, où je me suis trouvé*). Il s'est formé encore une majorité qui n'a voulu rien voir ni rien examiner, et sans vouloir aller sur les lieux avant et pendant la formation du réglement constituant en Société toutes les susdites demandes de travaux : ce réglement met à la charge *des propriétaires riverains et des communes intéressées toutes les dépenses de travaux*, malgré que j'aie fait les plus vives réclamations (*voyez f°s 7 à 11*) : mais quatre semaines après dans une réunion, cette même majorité s'est mise d'accord avec mes opinions pour vouloir révoquer notre réglement erroné, en présence de MM. l'Ingénieur, du Sous-Préfet *arrivant alors au Havre*, et de MM. Eyriès et Palfray, aujourd'hui maire et adjoint de Graville-l'Heure (*voyez f° 12*). C'est pourquoi cette Commission syndicale a été dissoute peu de tems après.

Ensuite, pour exécuter ce réglement syndical : est apparue la nomination d'une deuxième Commission de sept personnes, laquelle a déclaré que le Gouvernement devrait payer les travaux qu'il jugerait convenable de faire faire, et cela toujours contrairement au réglement. C'est aussi pourquoi cette deuxième Commission a été dissoute.

Depuis peu de tems : a été nommée une troisième Commission de sept personnes avec sept suppléans, pour exécuter le réglement syndical; dans une convocation, elle a encore déclaré que le Gouvernement ou le commerce devaient payer les travaux proposés; et toujours contrairement au susdit réglement syndical.

Il y a six semaines un fort vent d'Ouest a rompu l'Estacade du Gouvernement, comme je l'ai prévu, par suite des enlèvemens de galet qu'on laisse toujours faire à son bout Sud. (*Voyez f°s 48 à 51*). M. l'Ingénieur en chef, vu cette association syndicale existante, s'est trouvé ne pouvoir obtenir de fonds ni du Gouvernement ni du Syndicat. Cependant ces réparations sont très urgentes, et l'on ne peut pas exiger que l'Ingénieur y mette des deniers de sa poche.

Après plus d'un mois d'abandon, par la grâce de Dieu l'Estacade n'a point été enlevée : Enfin, l'Administration des Ponts-et-Chaussées fait réparer; néanmoins d'autres avaries auront lieu soit à l'Estacade du Gouvernement, soit aux Estacades des particuliers, lorsque nous aurons un fort coup de vent d'Ouest avec grande marée, à cause des enlèvemens de galet que l'on fait à son bout sud, plus considérables que jamais, en raison des dispositions prises par l'entrepreneur du lestage qui a pratiqué trois chemins sur le même point : en outre, une grande partie de ces enlèvemens de galet se font encore contrairement aux réglemens sur cette plage.

Le Gouvernement devrait toujours entretenir son Estacade en face de sa propriété, comme le font les particuliers. Il ne resterait donc plus alors à faire que de petits travaux que la prudence commande, et que j'ai offert, par soumission, d'exécuter à mes frais. La dépense s'élevant de 5,500 à 6,500 fr. aurait été remboursée par le Gouvernement. (*Voyez f°s 43 à 48*). *Dans le cas où il ne prouverait pas que ces travaux sont inutiles.*

Remarquez aussi, que des particuliers ont fait à leurs frais des Estacades sur le rivage pour soutenir leurs propriétés; et dans l'espoir qu'ils obtiendraient que les autorités empêcheraient les enlèvemens de galet devant leurs travaux, comme, ils les ont défendus devant l'Estacade construite par le Gouvernement : cette justice ne leur est-elle pas due?... De plus, les autorités communales, dans une réunion syndicale dont ils faisaient partie, ont promis à M. l'Ingénieur de faire cesser tous enlèvemens de galet devant les travaux d'Estacade qu'il ferait exécuter, *vu que, l'Ingénieur trouvait le galet indispensable pour soutenir ce travail artificiel.* Puisqu'il, est actuellement démontré d'une manière certaine et incontestable, que, la mer fortifie constamment ses digues, sur cette partie de la plage, mais que l'on affaiblit plus vite que la mer ne les fortifie. L'intelligence et la justice ne commandent-ils pas assez de faire cesser ces enlèvemens considérables de galet produisant les dégradations?... ce qui pratique et aggrave la brèche pour le passage de la mer!... D'ailleurs, M. l'Ingénieur est d'opinion qu'il n'y faut pas faire de travaux sur cette partie de la Plage, quoiqu'ils lui produiraient 5 pour cent suivant le susdit réglement syndical, tandis que l'emploi des deniers de l'état ne lui produisent rien (1).

A l'égard du lestage des navires, je me réfère à ce que j'ai avancé f°s 51 à 56.

Mais, si les autorités communales étaient d'accord avec leurs conseillers (du Havre, d'Ingouville, de Sanvic et de Sainte-Adresse), pour avouer consciencieusement leurs erreurs, le Gouvernement pourrait alors reprendre sa marche constitutionnelle, en nous déliant de toutes ces pétitions avec souscriptions, délibérations des Conseils communaux, et du réglement Syndical : autrement le gouvernement qui est comptable et responsable, devra rester armé de ce réglement syndical homologué, pour réclamer les dépenses de tous travaux projetés, ou de tous autres travaux. Il s'en suivra encore que les habitans trouveront toujours iniques, toutes contributions qui seraient prélevées, pour exécuter des travaux réputés plutôt nuisibles qu'utiles, devant s'élever de 450 à 600 mille francs; avec des frais d'entretien d'au moins 10 pour cent par an sur l'importance de ces travaux (*Voyez f°s 51 à 55*).

(1) De plus, je sais que M. l'Ingénieur désire faire cesser les enlèvemens que l'on fait au bout sud de l'Estacade du gouvernement : cependant ils sont continués.

Enfin, en continuant cet état de choses actuellement existantes, on arrivera bientôt à la catastrophe du passage de la mer!... Beaucoup de personnes seront noyées!... et plusieurs millions de richesses seront perdus!... Puis, il faudra encore que les Conseillers communaux, comme les habitans, aillent travailler tels que des pionniers pour faire de nouvelles digues à la Mer: en outre, payer environ un million de dépenses,... et toujours conformément au réglement du Syndicat. Songez que les administrés ont un droit sacré pour obtenir justice... Cherchez donc promptement dans vos consciences et dans vos intelligences votre conviction pour demander au Gouvernement, que toutes vos réclamations et délibérations erronées soient rapportées : ainsi vous rendriez service au pays en évitant les plus grands malheurs,... dont vous seriez au moins moralement responsables.

Vᵒⁿ DÉGENETAIS.

Nota. — Ce Mémoire a été adressé à la Société Industrielle et à la Société d'Agriculture qui siégent toutes deux à Rouen.

ERRATA.

Au *folio* 26, quinzième *ligne*, lisez 510,000 fr., au lieu de 210,000 fr.; il en résultera que toutes les autres sommes indiquées à la suite devront être augmentées de 300,000 fr.

www.ingramcontent.com/pod-product-compliance
Ingram Content Group UK Ltd.
Pitfield, Milton Keynes, MK11 3LW, UK
UKHW020456230726
13925UKWH00005B/1974

9 782013 636605